浪速の
ガリレオ先生
教材ノート

佐藤 隆彦

東京図書出版

「人にものを教えることはできない。
自ら気付く手助けができるだけだ。」

（ガリレオ・ガリレイ）

写真は無接点給電の実演教材「科学が咲かせる花」

はじめに

私は科学が大好きである。実験が大好きである。暇さえあれば趣味のように教材開発に明け暮れる教員生活を送っている。多忙な教員が多い中，そんなことを考えられる私は幸運なのだろう。「ガリレオみたい」と生徒に初めて呼ばれたのはいつだっただろうか。本書のタイトルは生徒のその言葉から拝借した。偉大なるガリレオ・ガリレイ氏には少し申し訳ないことをしたとは思う。

今，理科教育が危うく感じる。まともな実験経験もなく，雑務に忙殺されてしまう教員。中には，ごく一部の政治的な思考を持ったおよそ教師とも呼べない教員の，生徒をまるで無視した権力争いや派閥争いに巻き込まれてしまい，疲弊しきってしまった先生もいるだろう。そして，ブラックボックスだらけの遊具に囲まれ，答えだけを求める子供たち。これでは科学者を育成することは困難である。しかしながら，理科教員だって本当は楽しい実験をしたいし，生徒も「なんで？」をしっかりと求めているのだ。それがうまくいかないのはわれわれ大人の責任である。そんな世情をなんとかしたい「悩めるガリレオ先生」はきっとたくさんいることだろう。

本書は，そんな「悩めるガリレオ先生」のために，私が教員生活の中で独自に開発した様々な教材や実験メソッドと実践して得られた実験経験をつらつらと記した。きっと悩めるガリレオ先生の誰もがやってみたかったはずの実験や，気付かずにいた実験，もしくは自身が既に経験された実験もあるだろう。私は本書を通じてそんな先生方の声を共有したいと考えた。それはこれまでの教師としてのひとつの節目になると思い，拙いながら筆をとることにした。

本書の特徴は，中学や高校の授業で実際に行ったことを記している点である。どうすれば簡単だったか，どんな点で苦労したか。それならどうすればよいかを，できるだけ具体的に実際の経験から導くようにしてある。私自身が中高一貫校で働くことが多かったため，中学から高校までの様々な分野に対応している。そこで多様なニーズに応えられるよう，できるだけ専門的な文章は控え，孫引きしやすいワードで構成しつつ，本書単品でも理論として成立するようにしてある。

本書が「悩めるガリレオ先生」の教育魂の火を絶やさぬために少しでも役立ちますよう。

目　次

field

物理学

ものが見えるということ

序　論

光学は中学校の理科で初めて習う物理現象である。まずは「ものが見えるとは光が目に入りそれを脳が認識する」現象であることを押さえておかないと後々の展開に支障が出る。自ら光を出しているものはイメージがわきやすいが，物体が見えるのは「白色光は実は光の三原色を中心としたいろいろな色の光からできていて，たとえば赤いリンゴなら，白色光の中から赤い色だけを反射して目に入っている」ことになると子供の頭の中に疑問符が上がり始める。しかし，この現象は２つの実験を順に見せることで生徒は納得してくれる。

実　験

まずは以下のものを用意する。

分光器またはプリズム，色画用紙何枚か，白色懐中電灯，暗室。

手順としてはまず，分光器やプリズムで白色光源を直接，または間接的に観察させ，白色光はいくつもの色調に分けることができることを認識させる。安価なものではCDを使った分光器でもよい。その後，暗室下で白い壁に対して色画用紙の反射光を見せるという流れだ。

極めて単純な実験だが，赤い画用紙の反射光が赤いと知った時の生徒の興奮はかなり大きい。また，中学生相手なら光源を使って，例えば幽霊の真似をするなど，ちょっとした演出をして，生徒の目を引き付けるユーモアがあってもよいと思う。

授業をするにあたって

光の三原色を教えることは必要である。だが，今後，スペクトルや光合成を習うことを考えると光の三原色を知ったうえで次のような言い回しが適切であるように思う。

「白色光は光の三原色を基盤としたたくさんの色の光が混ざったもの」

なぜこのように回りくどい言い方をしなければならないかというと，光の三原色は白色を作り出すが，逆は光の三原色だけではないのである。実際に同じような白色光でも太陽光と蛍光灯では見えるスペクトルが異なる。実験で生徒たちはその様子を見ているが，光の三原色にこだわりすぎるとこれを説明することはできない。また，実験から「反射光以外は吸収される」ことも説明がつくが，この話は後々光合成の分野で必要になってくる知識となる。その時にも光がたった三色しかないかのような説明は生徒たちに大きな誤解を与えかねない。

中学生が相手だとしてもごまかすことなく高校生分野を視野に入れた指導が必要であろう。

持ち運び式モンキーハンティング

field
物理学

序　論

物理学を学ぶ上で古典力学は決して外すことのできない学問である。特にその前提となる３法則や運動に関する考え方は後の物理の基盤ともなる非常に重要度の高いものである。

しかしながら，現教育課程では微積分を学習する前から運動を学ばなければならず，その本質を理解できないまま，物理嫌いを促進しかねない状況にある。かつ，この分野で意外性のある実験は大掛かりになってしまい，なかなか実行できない現実もある。物理学において数式で求められた理論が現実となる瞬間を目撃することが非常に大切であるにもかかわらずだ。

そこで本項では運動分野における有名実験「モンキーハンティング」を，そのダイナミックさを欠かすことなく持ち運びできるレベルまで落とし込み，授業の中でできるだけ簡単に取り入れることができるよう検討した。

モンキーハンティングとは以下の物理学的命題に対して解を与える実験である。

命題

「木の枝にサルがぶら下がっている。そのサルは銃声の音とともに木の枝から落ちる。
銃声の鳴るライフルでサルに確実に銃弾を命中させるためにはどこに銃口を向ければよいか」

解としては**「木の枝にいるサルに銃口を向ければよい」**のであるが，その証明は重力加速度による等加速度運動に由来する。

サルの運動は自由落下で，銃弾の動きは斜方投射で説明される。斜方投射は鉛直投げ上げと水平方向の等速直線運動に分解されるため，実質，自由落下と鉛直投げ上げ運動が同時に起こった時に，両者が同じ高さになるようにすればよい。仮に重力がかからなかった時の鉛直投げ上げ初速度を v_0，それがサルのいる高さまで到達する時間を t とすると，サルにも銃弾にも重力はかからず，サルは同じ位置に停止したままなので t 秒後には銃弾はサルと同じ高さに到達する。しかし，実際にはこの時，両者とも同じだけの重力加速度がかかっているのであり，当然ながら t 秒間両者とも同じだけの距離を「落下」することになる。よって上向きのどのような v_0 で投げ上げた銃弾も t 秒後に必ずサルと同じ高さになる。簡単に説明するため，ここまで鉛直方向でのみの議論をしたが，その t 秒間投げ上げた銃弾が水平方向に等速直線運動をしていると考えると命題のような運動になる。よって，銃弾がサルの方向を向いて発射されればサルが自由落下をする限り必ずぶつかることになる。

直感的にはわかったような気になっても実際に目撃した時の生徒の輝いた瞳はやはり何物にも代えがたい。本来は演示で行おうとすると，大掛かりな装置になるため，見せる機会がどうしても少なくなってしまうが，持ち運びできる自由度を確保できさえすれば非常に有意義な実験となるだろう。

装置の作成

装置は発射装置と的固定装置を用意し，的固定装置には電磁石を仕込み，弾丸の発射と同時に電磁石のスイッチが切れるような構造になっている。

発射装置の基本骨格は黎明書房刊宝多卓男著『ダイナミック理科実験に挑む —— 科学する心を子どもたちに』p.105, 106を参考に，図1，図2のようなものを作成した。

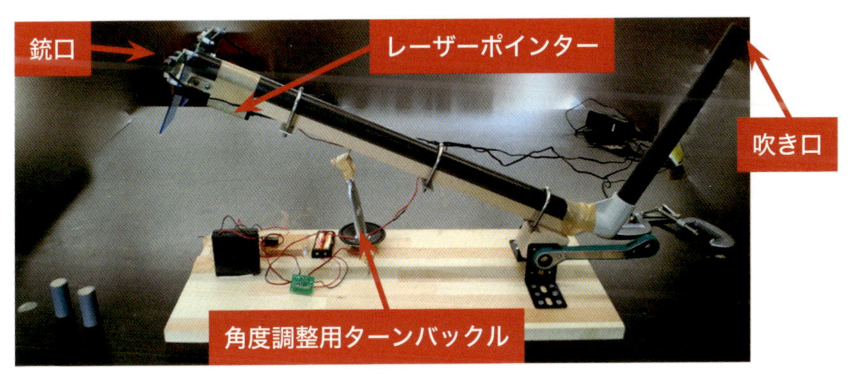

図1　側面図

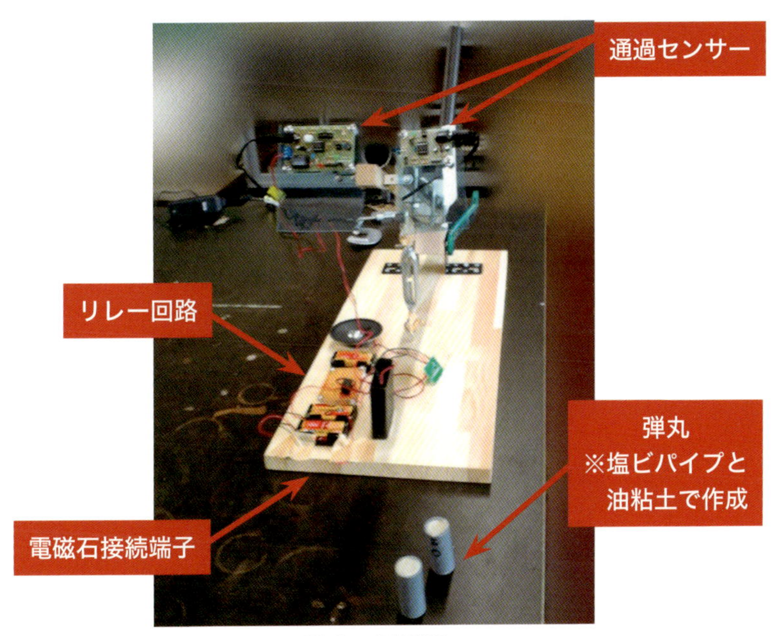

図2　正面図

材料はほとんどホームセンターで揃うものばかりである。各種材料の大きさは持ち運びできることが条件となるため，特に指定する必要はないように思うが，それなりの大きさはあったほうが生徒たちは喜ぶ。発射機構は吹き矢型が最も手軽である。また，今回の作成では発射と同時にスイッチを切るための機構として赤外線による通過センサーとリレー回路（ワンダーキット製SY-852通過センサー２高速モード）を用いた。この機構は発射する際に障害物を含まないので，弾丸はきれいな放物線を描くことができる利点がある。しかし，遅い初速度に対して有効だが，遠くを狙うような速い初速度に対してはセンサーが感知できないという問題点がある。この装置では演出効果を狙うためのスピーカーと連結してあるのでセンサーに付属してあるリレー回路以外にもリレー回路を付加してある。

発射装置について，特に新しく工夫した点が大きく２つある。１つ目は発射台を１枚の板でまとめ，教卓や生徒の机などにC型クランプで固定できるようにした点である。このことによって，発射装置はコンパクト化し，教室の中であっても台座の高さすら自由に変えることができ，実験の幅を広げることに成功した。２つ目は，砲身にレーザーポインターをつけた点である。このことにより，砲身が今どの位置を向いているのかをはっきりさせることができ，より狙いをつけやすくすることで，実験の成功率を飛躍的に向上させることができた。理論通りにいかなければ一気に物理学への興味を失わせかねない実験であるだけに，この一工夫は非常に大きいものといえる。ちなみにレーザーポインターは安価なものでも充分に機能する。

図３

さて，次に的固定装置の機構であるが，まず的を作成後，本体を作成する手順で行った。的は350 mLアルミ缶の底に小さな鉄製の釘を刺し接着剤などで固定したものを使用した（図3）。軽量で，命中時の音が派手であるためだ。電磁石は省電力や中の鉄棒の磁化を防ぐために，この的を1つ吊ることができる程度の磁力のものを作成した。電磁石から延びるコードはスピーカー用のコードを6m程度用意し，先端部電磁石側ははんだ付けと熱圧縮チューブによる絶縁をし，先端部発射装置側はワニロクリップを採用することにより，必要のないときに発射装置と分けて保管できるよう，また，持ち運びがしやすくなるようにした（図4）。電磁石は点滴用スタンド（VスタンドHP2090-S）に固定した（図5）。これがこの装置を最も持ち運びに特化させた点である。授業を行う上で電磁石を固定できる場所があるかどうかわからない。持ち運びを想定している以上，どんな教室でも，極論を言えば青空教室でさえこの装置を使うことができなければ意味がない。そこで今回点滴用スタンドに焦点を当てた。今回選んだ点滴用スタンドは1～2mの範囲で伸縮するため，実験に必要な「高さ」を兼ね備えている。また，転がして移動することができるうえ，装置をコンパクトにまとめることが可能である。また，安全に配慮して反対側のフックに布地をぶら下

図4

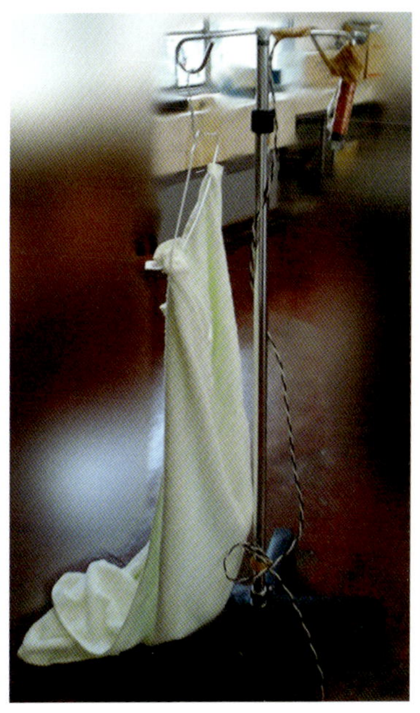

図5

げ，発射した弾丸や的の衝撃吸収にも使うことができる。
これらを含めた完成写真が図６である。

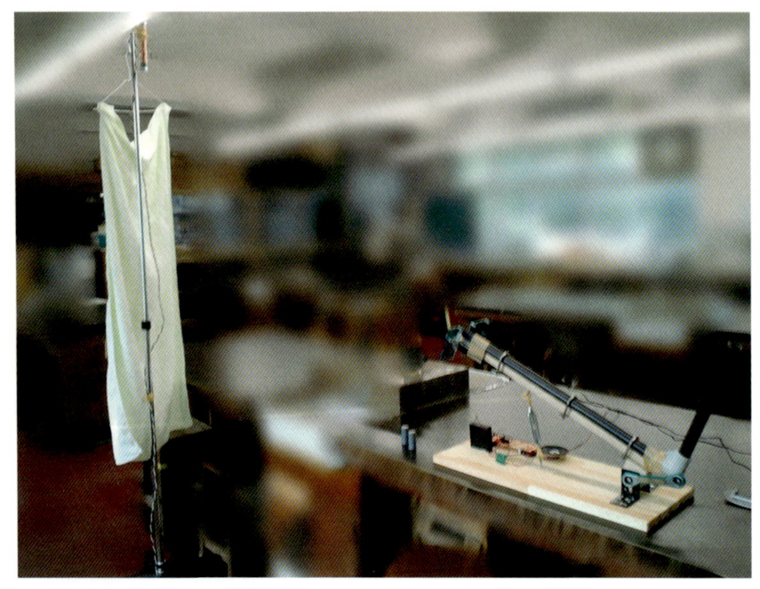

図6

図６のように電磁石の位置は天井近くまで調節することができる。

授業をするにあたって

この実験，名前こそ「モンキーハンティング」ではあるが，この装置では的をあえてサルの絵ではなく缶のままにした。絵の中のサルとはいえ，ただ無意味に「サル」を「ハント」することは科学者である以前に，命を講ずる教育者としてふさわしくないと考えたためだ。
私は「生物」の授業においてその生物の命を奪うような実験をするときに，併せて命の教育を行うようにしている。すべての生物は他者の生命を奪わなければ生きることができない。それは人間だって同じである。そして，人間は生きるために「知識」という糧が必要である。そこで，これからその糧となる生命に対して感謝の気持ち，「いただきます」という気持ちを持って実験を行うことを指導している。だからこそふざけた気持ちで実験に臨んではいけないことも諭している。

この実験はサルを模したものを打ち殺そうというものだ。サルである必要性は，本当は全くない。ならば狙う的は生物を模したものではないほうがいい，というのが私の見解である。

加えて，重ね重ねとなるが授業では，必ず的に命中させなければならない。生徒主体の実験と違い「なぜ命中しなかったか考える」授業に展開する意味が全くないからだ。相当量の予備実験を覚悟する必要がある。実際私は作成時間の何倍もの時間を装置検証の時間に割くこととなった。しかし，充分にそれだけの価値のある実験である。

結晶は視覚にうったえる

field
化学・地学

序　論

私は鉱石，化石マニアである。鉱石の美しさは自然界の偉大さを如実に語ってくれる。立ち寄った鉱石屋で一目ぼれして買ってしまうということも非常に多い。近年様々な鉱石がパワーストーンとしてもてはやされている。私にはその効能とやらに科学的根拠を全く見出すことはできないが，これだけ美しく，時に不思議な輝きを見せる鉱石の数々は「何か不思議なパワーを持っているのではないか」と期待したくなってしまう気持ちは非常によくわかる。

さて，本題に入ろう。現在の化学の教科書では結晶の性質の比較など結晶に関する記述がかなり初期の段階で登場する。また，イオン結晶や金属結晶の結晶格子の課程も復活してきた。化学はミクロな学問ゆえ，視覚にうったえると強烈なインパクトを残すことができる。自然界でできた結晶の実物を見せることは化学分野の動機づけとして非常に有効であると考えられる。また，その美しさから地学分野への動機づけも期待できる。

ここでは私が考える，化学の教材として最適な鉱石をピックアップする。

イオン結晶

イオン結晶は静電気力の結合で構成されているため，「融解させると電気を通す」「決まった形に割れやすい」ところは見せておきたいところである。前者は教科書に載っているような実験で確認するとして，今回は後者に重点を置いて，次の３種の鉱物を紹介する。３種とも「形がきれい」であることに着目させる。

方解石 	$CaCO_3$の結晶である。平行四辺形を立体にしたような形の結晶のものが多い。複屈折という文字が二重に見える物理現象を引き起こすため生徒の食いつきもよい。
岩塩 	NaClの結晶。立方体の形に割れやすい。あまりに有名だが再結晶法で大きな結晶を作ることは難しいので，もしも作ることができれば見せてあげたい結晶である。大きな結晶では立方体の面の部分より辺の部分の方が成長が早いので，写真のようにすり鉢のような模様ができることがある。色がついている場合，不純物が含まれている。高価な岩塩の中にはきちんと立方体の形をしているものがある。
蛍石 	CaF_2の結晶。正八面体型。濃い色のものはブラックライトを当てると蛍光するので生徒の食いつきもよい。ちなみにこの鉱物はフッ素の語源でもある。

共有結合の結晶

硬いということを実感させるのが重要である。また，あまりに有名でありながら「実物を見たことがない」鉱石が存在するのでぜひ見せてあげたい。

ダイヤモンド 	Cの結晶。原石が望ましい。原石は小さいものなら1,000円程度で手に入る。非常に有名だが生徒は本物を見る機会が極めて少ない鉱石。原石は小さいものが多いので携帯型顕微鏡を持たせてあげるとよい。また同時に鉛筆の芯（黒鉛）を比較に出すと，同素体の復習にもなる。
水晶 	SiO_2の結晶。やはり石英よりもこちらのほうが生徒は喜ぶ。実物を触ると，生徒たちが想像している以上に硬いことがわかる。価格帯も安いので時間があるなら水晶の硬度を測る生徒実験を行っても面白いと思う。

金属結晶

展性・延性があること，独特の光沢があることを確認させたい。私としては次の２種の鉱石を薦める。

自然銅 	Cuの結晶。母岩に張り付いているような形で存在するため見るだけで展性延性が理解できる。また，酸化していないため非常に美しい赤色の金属光沢がある。注意点は生徒に直に触らせないことである。通常の環境下では酸化することはあまりないが，人の指の脂などで酸化が促進されてしまうことがありうる。

蒼鉛鉱 	Biの結晶。蒼鉛鉱は自然鉱石だが，今回の目的の場合はBiの人工鉱石の方がよい。虹色に輝く光沢と結晶格子の積み重ねによる美しい造形はため息が出るほどである。残念ながら光沢は酸化被膜によるものとの説が有力のようだが，造形はその幾何学的な模様から結晶とは何かを確実に理解できよう。あまり有名な金属ではないが，教材としては優れているといえる。

分子結晶

なんといっても「昇華性」を教えたい。ドライアイスや氷砂糖はあまりにも有名だが，次の結晶は手軽に「昇華性」を教えることができ，教材として有効である。

ハッカ脳 	L−メントールの結晶。ハッカの主成分。もろく，またハッカの匂いが強烈なので瓶のなかで保存する。「匂いがある＝物質が気体になっている」ということを見せる前に話しておくと，生徒は現象を呑み込める。ハッカに拒否反応を示す生徒も存在するため，配慮は必要である。

地学好きを育てる鉱石

せっかくなので，その他，＋αとしていくつか手に入れやすい「不思議な石」「身近だけどよく知らなかった石」を紹介する。自然鉱石の不思議が自分の知識と合致した時，生徒は化学だけでなく地学にも興味を持つようになるだろう。

ウレキサイト 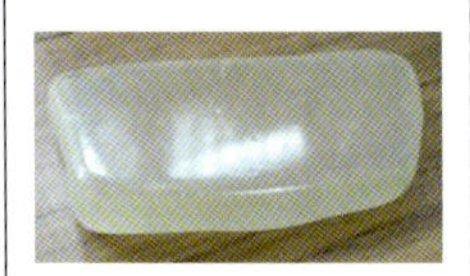	テレビ石ともいう。天然の光ファイバーであるため，下に敷いた文字が石の表面に浮かび上がって見える。
アメジスト 	紫水晶。水晶に鉄が含まれるとこのような色を示す。あまりに意外なので生徒は「へぇ」といった表情をする。
磁鉄鉱 	酸化鉄の一種だが天然の磁石である。磁気を帯びているため鉄などを引き寄せる。

縞状鉄鉱石	
	赤鉄鉱と磁鉄鉱が縞状を描いている。大昔，海中で植物が光合成を行い，大量の酸素を作ったことを証明する資料である。原始の生命に思いを馳せることのできる鉱石。併せてそのような雑談をすると生徒はロマンを感じてくれる。

まだ紹介し足りないが，鉱石だけで様々な授業展開が可能であることはわかっていただけたであろうか。

授業をするにあたって

百聞は一見に如かず。実物は空論を凌駕する。やはり本物が与えるインパクトは非常に強い。それだけに生徒に見せるときは，どこまで生徒の動きを許容するかの線引きが重要になる。実験室授業ならある程度問題ないが，教室で少ない鉱物を廻し見させる時などは興奮した生徒がどうしても騒いでしまうことがある。私にしてもその時の生徒の動きを許容しすぎて学校で問題になってしまった苦い経験がある。教師である以上，生徒の興味を引くことと，ある程度の規律を守ることは両立させなければならない課題である。

食紅の怪

field

化学

序　論

本項では，生徒実験で起こった不可思議な体験をもとに，実験の醍醐味などを記したいと思う。

ことは中学生向けの「蒸留」の実験の時に起こった。

通常，中学生向けの蒸留では赤ワインからエタノールを取り出す実験が多いのだが，分離されるエタノールの量を教師側でコントロールしたいという観点から，あえて約14%エタノール水溶液を選んだ。しかし，赤ワインの蒸留の持つ「赤色の液体から無色の液体が取り出された」という意外性を残すため，食紅をエタノール水溶液に加え，見た目が赤ワインのようにした。

教科書に記載されているレシピを書き換えたため問題がないかを確かめるために事前実験を行ったが，その時は特に感じることはなかった。むしろうまく理論通りにいくことを確信した。

しかし，実際に授業で行うと思わぬことが起こった。いくつかの実験班の残留液の色が蛍光黄色に変化したのである。また分離したエタノールからはゴムのような臭いがした。

当然生徒たちの興味は「蒸留されたエタノール」よりも「変色した食紅」の方に向いた。質問に対しては，「先生も予想していていなかった。先生もこのことについて研究してみるから君らも自分で調べてみて」と正直に答えた。実験にはこのように「予想外の出来事」がつきものであり，それが歴史を塗り替える大発見につながるということも添えて。

追実験

さて，授業ではこのように予定と違う結果となってしまったが，これこそが実験の醍醐味である。何とか，理由を突き止めようと追実験を試みた。

実験は「エタノールの影響」「加熱状況の影響」の観点から調べるため，次の表1のような構成で生徒実験（一般に教科書に載っているもの）と同じ手順で行った。

表1　追実験の条件

実験番号	使用した溶液	加熱
1	純水＋食紅	中火
2	純水＋食紅	強火
3	14%エタノール水溶液＋食紅	中火
4	14%エタノール水溶液＋食紅	強火

ここで実験3が予備実験で行ったパターンであることを記しておく。

追実験の結果が次の表2である。

表2　追実験結果

実験番号	残留液の色	留出液の臭い
1	赤色	無臭
2	赤色	無臭
3	赤に近い赤橙色	エタノール臭
4	蛍光黄色	ゴム様の臭い

この結果から，実験３においてもやや黄変していること，エタノール存在下で反応が起こること，加熱により一気に加速する反応であることが明らかとなった。すなわち，生徒実験では生徒が火を強くしすぎたがために蒸留よりも食紅の反応が早く起こってしまったという状況が明らかとなった。

そこでこの反応における生成物を仮定することを考えたのだが，使用した食紅の化学構造がわからず（注釈：パッケージの記録をなくしてしまい，成分が不明だった。おそらく赤色102号ではないかと思うのだが断言を避けておく），エタノールとどのように反応するのかについても結局暗礁に乗り上げてしまった。

しかし，この追実験でわかった事実は，もしかしたら我々が「やってはいけない」料理方法を業者が見落としている可能性だ。約14％程度のエタノール水溶液は食卓のどこにでもある。これに食紅を加えて加熱すると別の物質に変化することは料理するうえで知らなければいけない情報ではないだろうか？　だとするならば，これはゴム状硫黄に次ぐ，「生徒が発見した教科書に載せるべき情報」となりうる可能性を秘めていないだろうか？

事実を事実として

結局授業としての研究はここまでで終えてしまったが，こういった我々では考え付かないことが起こりうるのが生徒実験であり，これに対して教員はやはり真摯に向かい合うべきであると思う。理論通りにいくのがもちろんいいのだが，理論通りにいかないことがとても面白いことだということを，できれば生徒に教えていきたい。

私は生徒実験に関しては「失敗」と呼べるのは生徒がけがをした場合のみだと考えている。理論通りにいかない「なぜ」を探るのも経験であるし，そこから新たな発見が生まれるかもしれない。理論通りにいかない結果を「失敗」ととらえるような教員に声を大にして言いたい。それは生徒にいうこと聞かせたいだけの大人のエゴであると。理論通りにいかないことを決して否定してはいけないと。そこから得られた考察はその生徒の「個性」なのだ。なぜ理論通りにいかなかったのか，どうすれば理論通りにいったかを考えさせるのが理科教育であると。

本件について

結局この研究は暗礁に乗り上げてしまったが，機会があればまた挑戦してみたい課題である。もし，これを読んで下さった方のうち，追実験をされた方がいらっしゃったら是非とも結果を共有したいと思う。誰か一人でも触発できればいい，その先生方と情報を共有したい，そんな思いで本書を書いている。

動く精子模型

field

保健・生物

序　論

受精は保健分野，生物分野で欠かすことのできないものである。特に，性教育をきちんとし，正しい性知識を身に着けさせるために必要不可欠の分野である。性教育だけで1単位設けてもいいのではないかと思えるほど日本の性教育は遅れているのだ。

しかしこの分野は生徒側が勝手に「不潔なもの」という認識を持っているため最初から受け付けない姿勢であることが多い。講義形式や，映像を見せる形式では生徒の興味を引かせるのに限界がある。また，内臓や血液の描写に敏感に反応し卒倒を起こすような生徒もいるので配慮しなければならない。そこで「実物のように動く精子模型」があれば演示実験での受精を再現できたり，自分の身体に含まれているものが実はすごく精巧にできていることを知ることができたりと，非常に授業の幅が広がるのではないかと考えた。本項ではその作成について述べようと思う。

作　成

実物の精子は図7のように，簡単に言えばミトコンドリアをエネルギー源にし，分子モーターでべん毛を動かすことによって泳いでいる。

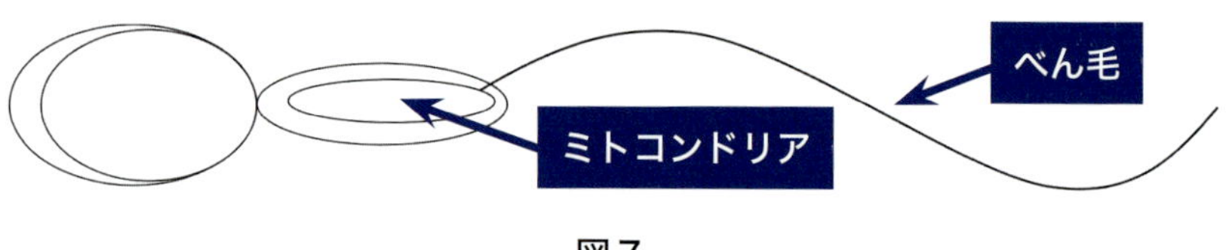

図7

そこでそれを再現するためにミトコンドリアを電池，分子モーターをモーター，べん毛を４ϕ程度のシリコンチューブに置き換え，図８のように作成した。タミヤ製の潜水モーターを使えばかなり実物に近い構造になる。また，染色体を収納している頭部にはカプセルトイの卵型のカプセルを用いた。ちなみにこれらの道具はすべて東急ハンズで比較的安価で手に入る。

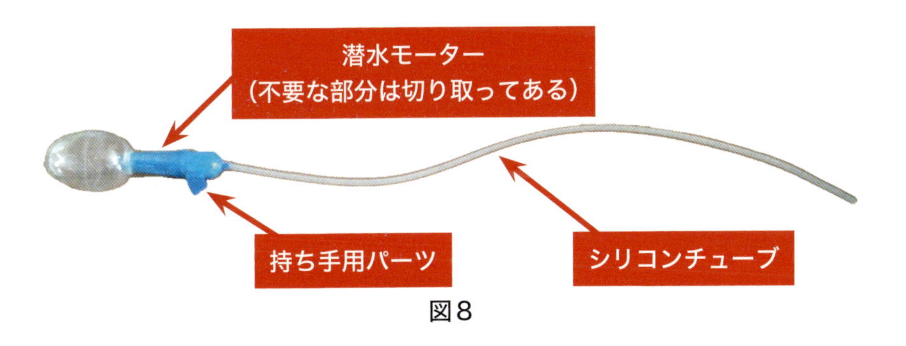

図８

ちなみにこの精子模型は回転軸が定まらないので残念ながら水中を自泳することができない。カプセルの中に染色体の模型を入れておけばリアリティが増すだろう。

また，卵子を併せて考えるなら，縮尺的に大玉送りの大玉が模型としてふさわしい大きさであると考えられる。教室では難しいかもしれないが，ダイナミックに精子の卵子への到達を再現できるだろう。

もう一点の工夫として，この精子模型は中の染色体を，カプセルを開けることによって取り出せるようになっている。受精における頭頂部の変化もおおざっぱながら再現できるようになっている。

授業をするにあたって

この模型を授業で使ううえで最も避けたいのは「ただ見せるだけ」で

終わる授業である。この場合の生徒の反応は「動きが気持ち悪い」で終わってしまうのである。ここまで忠実に機構を再現したのであるから，是非とも「生命とは」を大いに語るための材料にしたい。思春期である生徒たちは「精子」という言葉にかなり敏感に反応する。模型を見せるだけでは性教育という観点から逆効果だ。こんなにも素晴らしい生命の神秘を，何億，何兆分の１の奇跡に思いを馳せるための材料にしたい。ここで記した模型は，あくまでもそのうちの１つの手段であることを忘れてはいけない。

field

地学

金星の満ち欠け

序　論

中学や高校の地学で金星の満ち欠けをどう教えるかに苦労された先生方も多いと思う。私もその1人である。多くの先生はバレーボールを半分黒塗りして回転させたり，光源の周りを回る球体をつくって金星に見立てたりとしているが，この方法は満ち欠けを知ることは可能だが「満ち欠けと金星の位置関係」「満ち欠けと金星の大きさの関係」を教えるという点においては説得力に欠ける。そこで，この二つを内包して教えることのできる実験を考案した。

実　験

図9のように5 φの穴を空けた木球に8 cm程度の5 φ真鍮管を刺し土台をつけたものを用意する。やや高価になるが土台も既に5 φの穴が空いているものが東急ハンズなどで手に入るのでそれを利用してもよい。このとき，1種は木球全てをパールホワイトで塗装したもの。もう1種は半分をパールホワイト，半分をつや消しブラックで塗装したものを用意する。白球を太陽，半白球を金星に見立てるわけである。たいした手間ではないので数は多ければ多いほどよい。次に30ページの図を机の大きさまで拡大コピーする。これは大きければ大きいほどよい。あとはそれぞれの番号のところに金星モデ

図9

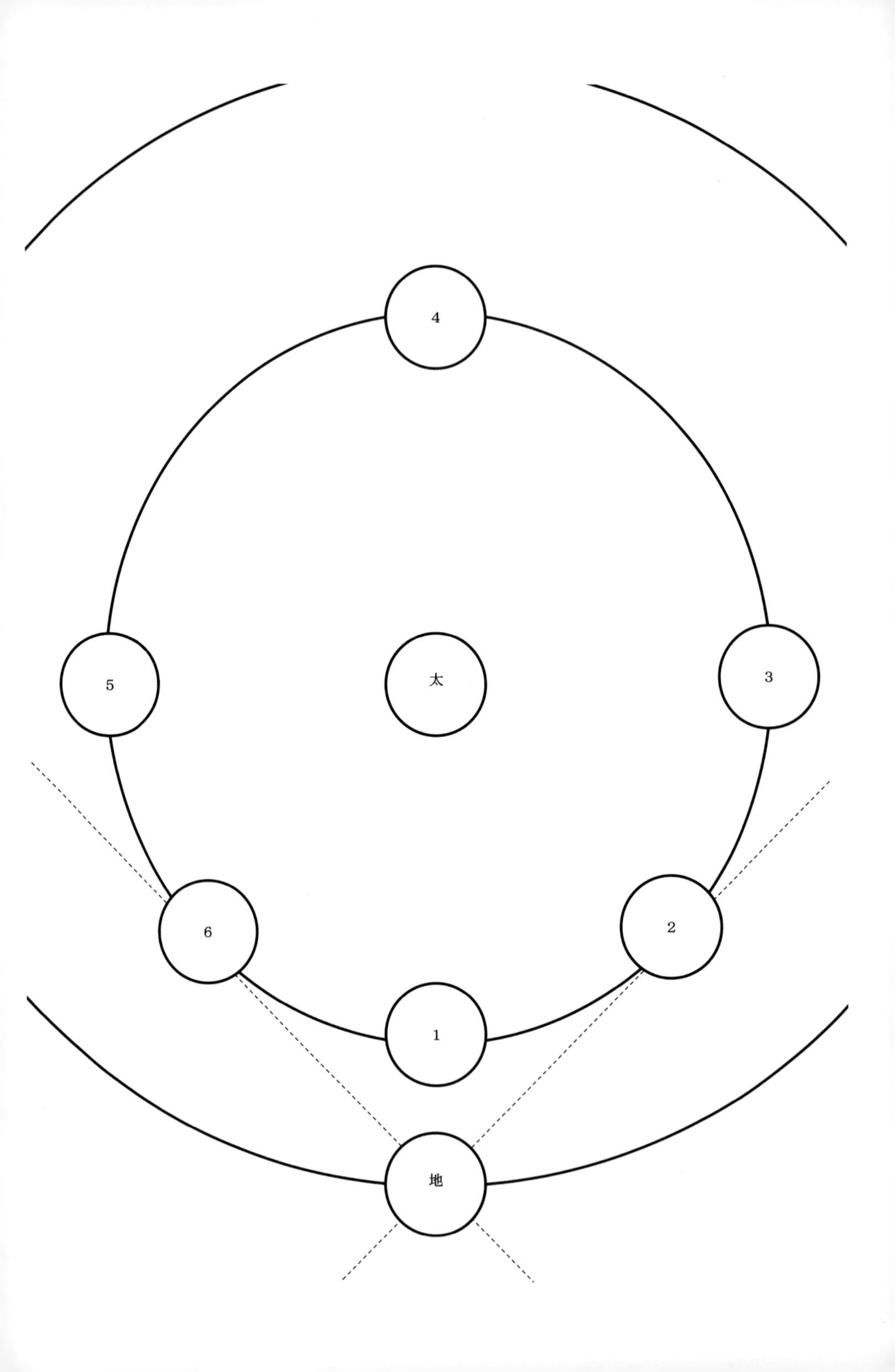
4
太
5
3
6
2
1
地

ルを白い面が太陽モデルに向くように配置すれば用意は終わりである。金星モデルの数が足りなければ生徒に１番から順番に移動させるのもよい。

要は教科書に載っている２次元の絵を３次元化するわけである。

シートとモデルを配置したら生徒に「地球」側からモデルを眺めさせる。すると，満ち欠けだけでなく遠近感が伴うので金星の大きさ，太陽にかくれて見えない部分，満ち欠けの位置関係を全て説明できてしまう。しかも，最大離角を一緒に教えることも可能である。

それだけではない。生徒（地球）自身に頭を回して（自転）もらえば，明けの明星や宵の明星までも再現できる。

一見地味だが，いうなれば宇宙を再現した模型を観察することになるので時間対効果が非常に大きい実験である。

注意点としては，モデルの色はパールホワイトとつや消しブラックを用いることである。これは私がいくつか試作品を作ってみて，もっとも効果的な色調であった。モデルは通常の塗料を使うとどうしても蛍光灯の光を反射し，正確な満ち欠けを再現できないときがある。その点，つや消しブラックは光沢を最小限に抑えることができる。逆にパールホワイトは光沢と弱めの遊色効果をもつので，太陽の輝きを再現しやすくなる。この二色を対比させることにより，それぞれの特徴がより強く生かされることになる。

授業するにあたって

この実験の最大の難点はとにかく地味であるため，生徒の興味を引くことが難しいことである。いかに宇宙の神秘や美しさを語れるか，など教師の力量が試される。

実験そのものはダイナミックに行うならグループで行ってもかまわないし，各自の机で個人実験をさせてもかまわない。グループ活動はダイナミックな反面，どうしても手隙の者が出てしまうのでこのあたりにも工夫が必要である。

この実験の最大の利点は太陽系モデルを，自身を地球として卓上に再現できる点である。そのため，本来，授業では地球固定で教えるが，地球と金星共に公転しながらどのように見えるか考えさせるのも一興である。

ドレミパイプの使い道

field
物理学

序　論

幼児の知育玩具のひとつに「ドレミパイプ」というものがある（図10）。比較的やわらかい素材で出来たプラスチックのパイプで，いろんな場所を叩くとパイプの種類に応じてドやレなどの音が鳴るというものだ。どの場所を叩いても同じ高さの音が鳴るので子供の音感を鍛えたりすることに用いられている。

図10

だが，このドレミパイプ，使い方次第で非常に物理学的な扉を開いてくれるアイテムでもある。この項ではこのドレミパイプを中学，高校物理の「音」分野の導入実験として最適な使い道を紹介する。

実　験

まずは1オクターブ分のドレミパイプを用意する。これの口部分を耳に当て，よく集中して聞いてみると，ドレミパイプの中からその音階に応じた音が聞こえるのだ。ただパイプを耳に当てるだけでドレミが聞こえるので生徒は驚く。

この原理はパイプの長さが各音階の固有振動数をもった気柱を作って

いるために，パイプを通りぬけた空気が音を鳴らすのである。よってホームセンターなどで手に入る塩ビパイプをドレミパイプの長さに切っても同じ現象を起こすことが出来る。ただし，条件をそろえて考えやすくさせるため，ドレミパイプと同じ口径のものにする。

この実験の面白いところはそれだけではない。パイプの音を確認したら一度パイプの反対側の口を手のひらなどで閉じて，また聞いてみる。すると，先ほどよりちょうど１オクターブ低い音が鳴る。これは図11の気柱共鳴のように開口時の気柱は自由端であるのに対し，次の閉管時は反射物によって固定端反射が起こるため，結果として周波数がちょうど半分になるからである。音階は周波数が２倍大きくなると１オクターブ高く，半分になると１オクターブ低くなるようにいわれている。

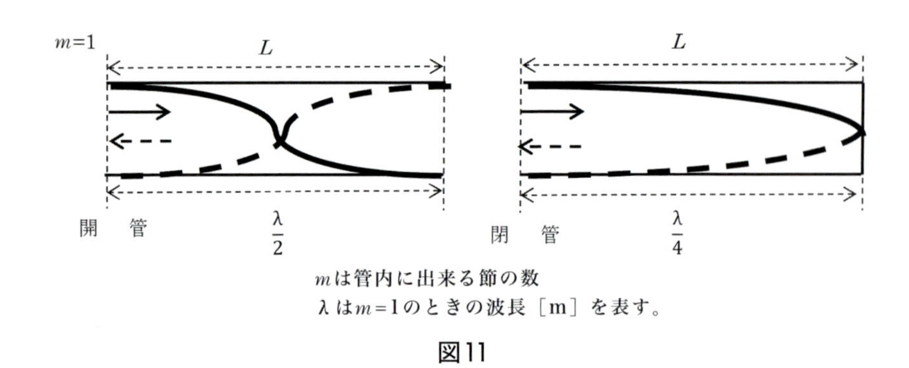

図11

授業するにあたって

これは気柱の導入として簡単で意外性のある実験である。これに加え，ドレミパイプのそれぞれ二倍長の長さのパイプを用意し並べると演示実験として面白いことが出来る。

パイプの中に一気に空気を送れるよう，パイプの口でもみ手をするように手を叩くと，まるでオルガンを瞬間的に鳴らしたような音がする。パイプに空気を流すことで音を鳴らすことはオルガンと同じ原理であり，また，このような民族楽器が存在することも雑学として知っておきたい。注意点としては，生徒が互いにドレミパイプでふざけて叩き合わないように見張ることである。高校生はともかく中学生は必ずやりたがるので気をつけること。

教室を不思議な音響空間に

field

物理学

序　論

「音」の分野は広げれば非常に面白くなる。本項ではさらに音分野の知識を広げる実験を紹介する。

先端技術の1つにパラメトリックスピーカーという装置がある。超指向性スピーカーとも呼ばれる装置で，これは超音波を利用することで「ある一定方向にのみ音を飛ばす」ことの出来る装置である。この装置を使って教室を不思議な音響空間に変えてみることで，生徒に音の不思議や理解，最先端技術の可能性への興味をもってもらうことを狙っている。

実　験

パラメトリックスピーカーの完成品は安易に手に入らないが基盤キットが秋月電子より発売されている。それを用いて図12のように特製パラメトリックスピーカーを作成した。

アクリル板を用いたボックスをベースに，角度調整のため，三脚を取り付けた。スペーサーは超音波の振動による無駄な共鳴を避けるため，念のためゴム栓を用いた。市販のMP3プレイヤーに接続した。音量操作は音源側で行う仕様である。ACアダプターは教室で使うには長さが足りないので延長コードが必要であった。もし可能であれば電池電源に切り替えることをお勧めする。

実験は教室で行う。生徒には音が聞こえたら，聞こえた方向を指差し

背面図

3.5ピンジャック
音源とつなげる

ハンドルで向きを調節

図12

てもらう。

まずは小音量で音楽をかけるとスピーカーの向いている方向にいる者だけが聞こえ，スピーカー方向を指差す。

次に少し音量を上げると教室の大部分が聞こえるようになるが，音が聞こえる方向がエリアごとにばらばらになるので生徒は非常に不思議がる。これはパラメトリックスピーカーの指向性が超音波を利用していることによる。超音波は非常に直線的に進み，反射率が高い。つまり教室で行うと，壁や天井などに反射することになる。よって生徒の耳ではあたかも壁や天井から音が聞こえるようになるのだ。教室内で山彦を再現していると考えてもらえばよい。いろんなところから音が聞こえる摩訶不思議な音響空間の完成である。

注意点としては小型ながら意外に音圧が大きいため，バンド発表などで使用されるスピーカーレベルの音圧で体の不調を訴えるような生徒がいる場合は使用を避けたほうがよいことである。

授業をするにあたって

予備知識としてパラメトリックスピーカーとは何かを必ず調べておくこと。

超音波を利用しているのに何故聞こえるのか生徒は疑問を持つだろう。理論的にはかなり難しいが，原理的にはなんと中学で学習する「うなり」を利用していることを話すと，いかに「学校で習う理科」が重要であるかという認識を導くことが出来る。

また，このスピーカーを現実的にどのように使うか生徒に問いかけるのも面白い。現在は行事などでの騒音対策や美術館などでの作品解説などへの利用を期待されているが，生徒に問いかけると思いも寄らぬ回答が返ってくることがある。こういった「技術の応用」を考えさせるのも理科教育の１つだと私は考えている。

パラメトリックスピーカーについては研究機関として立命館大学が詳しいことを記しておく。

辛い焼きそば？

field

化学

本項は中学生向けの単純ながら奥深い実験の話をしよう。誰もが考えたことがあるだろう実験の応用である。

酸と塩基にまつわる話をするとき，様々な pH 指示薬になる身近なものを紹介することがあるだろう。紫キャベツ，ぶどう汁，なす，紅茶などなど……。意外なところでターメリックがある。ターメリックという香辛料は普段は黄色だが，塩基性溶液下では赤色を示す。

よって塩基性であるかん水のついた麺で焼きそばを作るときにターメリックをかけると赤色のとても辛そうな焼きそばが出来上がる。

しかしターメリックは香辛料だが辛味ではないのでご安心を。ソース焼きそばにすると pH が変化するので，また違った色合いの焼きそばとなる。

実験室で行う場合，ガスバーナー使用の練習にもなる実験である。また，家庭で不思議を体感できる利点もある。

実験の際は必ず「かん水」を使った麺を選ぶこと。また，予備実験必須である。最近はかん水を使っていない場合や，かん水を使っていても，商品の種類によってはうまく塩基性を呈さない麺も存在することを知っておきたい。

ガウス加速器

field

物理学

序　論

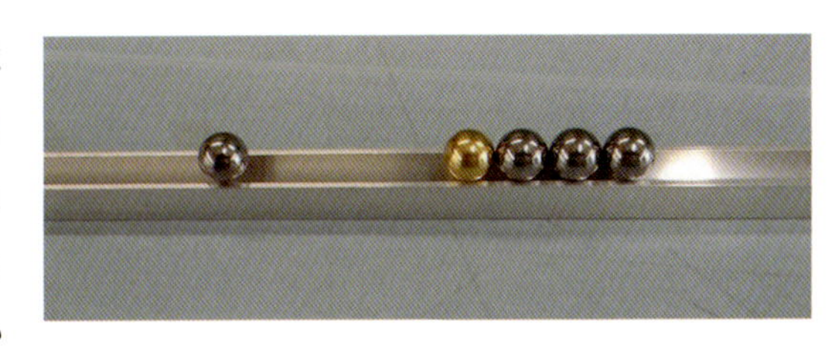

厳密性に欠く説明ではあるが，重力や磁力のように，離れていてもはたらく力のことを保存力という。保存力が働いていると物体には位置エネルギーが生じる。ガウス加速器はこれを利用して一気に鋼球を加速させることができる不思議な現象である。一見すると運動量保存則やエネルギー保存則を守っていないように見えるので意外性が非常に高い。

実　験

準備

10 φ 鋼球，10 φ 球形ネオジム磁石，磁力の影響を受けないチャンネル，雑巾など衝撃の緩衝材となるもの。

実験 1

図13のようにチャンネル上に鋼球を並べ，鋼球の列に鋼球をぶつけてみるとどうなるか調べる。

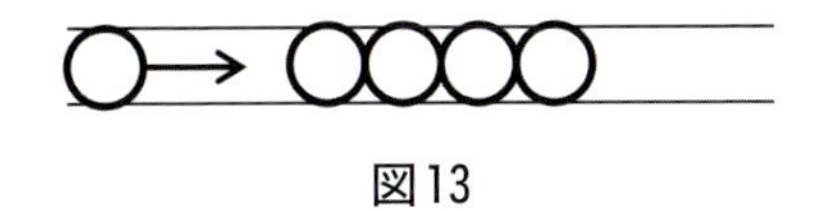

図13

このとき，一番端の鋼球がぶつけたときとほぼ等速で飛び出すことを必ず確認させること。今の高校生は物理基礎では運動量保存則を学習しないので，科学者にとって当たり前のこの現象を見たことがないことが多い。何回かやらせて「これが当たり前だ」ということを認識させないと，本題に入ったときの意外性が発揮されない。

実験２

ここからが本題である。図14のようにチャンネル上にネオジム磁石を置く。図14のようにチャンネル上に鋼球を置く。この順番を逆にすると突然鋼球が飛び出すことがあるので注意させること。

図14のようにネオジム磁石に鋼球をぶつける（ぶつける速さを変えてもよい）。

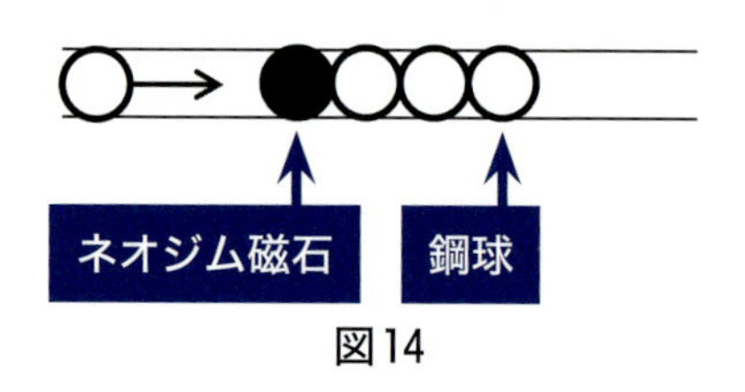

図14

ぶつけたときの鋼球の速度と飛び出した鋼球の速度を比較してみると，一目瞭然なほどに飛び出した鋼球が加速されている。このとき，鋼球をなくす可能性があるので緩衝材をきちんと設置させること。

実験３

ガウス加速器の原理を知るために図15の４つのパターンで実験２と同じ操作を行う。

理論的には①は実験２よりも速く，②は更に速く，③は実験２より遅

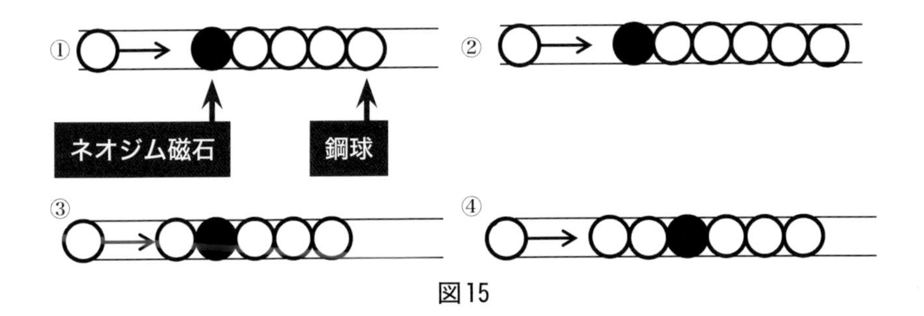

図15

く，④は初速度と使用したチャンネルの摩擦係数，チャンネルによって与えられる回転のモーメントから，実験1とほぼ同様に射出，または射出されるが戻ってくる，射出されない，のどれかに分類されるだろう。

着目すべきは鋼球の位置と数である。

実験1で示されたとおり，摩擦や回転のモーメントを考えなければ鋼球は入射した鋼球と同じ運動量を持ってはじき出される。ネオジム磁石が混じったとしても素材的には同様のことが起こると仮定しておく。

このとき，ネオジム磁石から発せられる磁力は保存力であるので，入射する鋼球は磁力によって急激に加速し，ネオジム磁石と衝突した瞬間が最大の運動量を示すことになる。しかし，この運動量を保存し射出する側にも磁力が働いている。ここで，ネオジム磁石から遠い鋼球は磁力の影響を受けにくくなるということを押さえておこう。そうすると，ネオジム磁石から遠くにある鋼球はほぼ入射時の運動量を持って射出されることになるのである。よってネオジム磁石から離れた位置から射出される②がもっとも加速現象が起こりやすいといえる。逆に，入射位置に鋼球がある場合は磁力の影響を入射時に受けにくくなるので加速現象は起きにくくなるといえる。

授業するにあたって

まずはカリキュラムの関係で生徒は実験１の事実をまったく知らないものと考えておいたほうがよい。ガウス加速器を扱った実験書はいくつかあるが，実験１の事実を考えていないものが非常に多いので注意が必要である。

また，理論の説明には運動量保存則以外に位置エネルギーを用いる手法もある。ネオジム磁石を重力因子に見立てて，生徒の頭の中で高さの関係と一致させるのだ。

授業を行うとき，この実験は大変な意外性が伴うが，通常行った場合は１時間もたない。なので，他の実験と抱き合わせるか，スピードメーターなどで計測させるなどの工夫も必要である。私は「いくら意外な事実でも３度以上再現できるなら真理である。何か科学的な理論がはたらいているのだ」という「事象の再現性」を，そして実験を通じて法則性を自ら見出させることを併せて教えることで授業の深度を掘り下げた。

余談だが，鋼球は生徒の指の脂で錆びてしまうので授業ごとに拭いておくこと。

30 mL ＋30 mL ＝??

field
化学

序　論

化学で大切な考え方のひとつに「全ての物質は微小の粒子からなる」ことがあげられる。

しかし，現実的にそれを目で見ることはできないので，最初のうちはピンと来ない生徒も多い。本項で紹介する実験は，目で見て実際に起こる現象を通じて，その不思議を粒子論で説明することで，物質を粒子としてとらえることの大切さを教えるものである。一緒にメスシリンダーの使い方とピペットの使い方を教えることもできる。

実　験

用意するものは，蒸留水，エタノール，100 mL メスシリンダー× 2，駒込ピペット。

最初に，器具の使い方と同時にメスシリンダーが正確に体積を測ることができることを強調しておくこと。

手順としては，まず，蒸留水30 mL に蒸留水30 mL を加えると体積は何ミリリットルになるか生徒に予想させる。実際に２本のメスシリンダーで30 mL ずつ測り取り一方に加える（図16）。

するとメスシリンダーは当然60 mL を指し示すので生徒の予想通りであることがわかる。

次に，蒸留水30 mL とエタノール30 mL で同じ手順で予想，実験する。

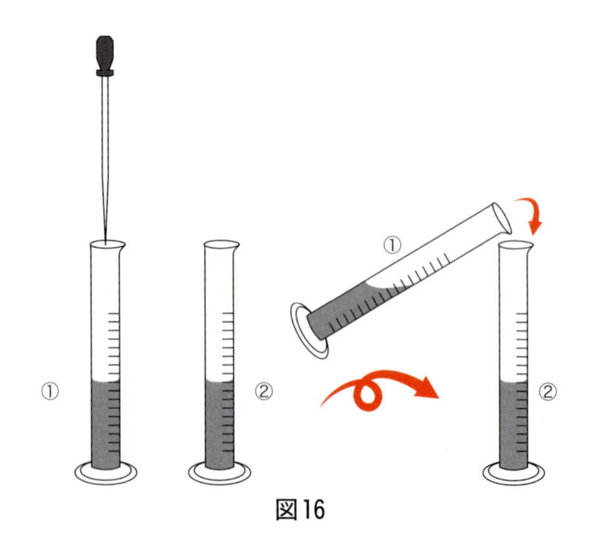

図16

すると，大半の生徒の予想は60 mL になるが，実際には55 mL 前後になる。メスシリンダーが正確に体積を測ることができることを強調しておかないと，生徒はこの不可解な現象を「ただの目の錯覚」ととらえてしまう。

しかし，この現象は科学的な真理である。

これは「過剰体積」と呼ばれる現象で，異なる種類の液体同士を混ぜ合わせると，体積は足し算どおりにいかない。

その原理の概要は以下のとおりである。二種類の液体は粒子でできていてその大きさは異なる。それを同じ体積分とりだすと図17のようになる。ちょうど同じ種類のかごいっぱいに詰まったバレーボールとピンポン球の関係といってよいだろう。この二つを混ぜ合わせると，大きい粒子と大きい粒子の隙間に小さい粒子が入り込み，全体の体積は小さくなる。

すなわちこの現象は「液体を粒子の集まりと捉える」ことを考慮に入れなければ説明できないのである。

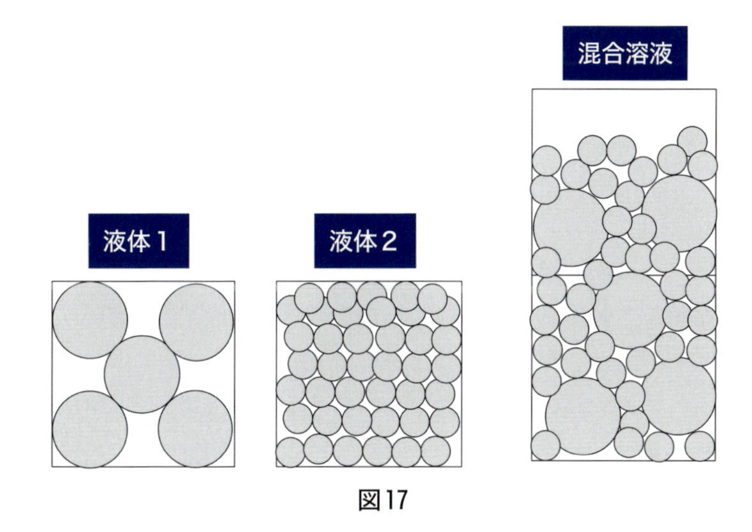

図17

授業するにあたって

この実験は器具の取り扱いを比較的安全な物質で教えることの出来る実験でもあるため，応用の幅が広い。化学分野であればだいたいどのタイミングで行っても効果を発揮するだろう。

過剰体積は概要としては上記のように説明されるが，現実的には体積が大きくなるような混合系も存在する，実に興味深い分野である。また，水－エタノール系は全濃度範囲の部分モル体積で見ると，水の多い領域で水だけの体積が大きくなる。これはエタノールの疎水基にたいして水分子同士が強く水素結合することでかごを作ることにより水和する「疎水性水和」と呼ばれる現象である。水という物質は身近でありながら実はとてつもなく不可思議な物質なのだ。

身近なもので本格実験装置を作成

field
物理学

序　論

実験室にある実験装置はいかにも「それ」らしく生徒たちの手の届かない存在であると思われていることが多い。しかし，原理的には非常に単純で，その原理を再現できれば身近で安価なもので作成することができる。もちろんそれで行う実験にも充分に対応できる。これを利用すれば，これまで「班に一台」だった実験器具を「生徒に一台」で行うことができる。

本項ではそういった「生徒が手作りできる本格実験器具」をいくつか紹介しよう。

作　成

❏装置①　大気圧体験装置

この装置は大気圧と面積の関係を体験できる理科教材として販売されているが，非常に簡単に作成できる。

作成手順①：下敷きを２枚用意し，そのうち１枚は半分にする。半分にしたものの１枚を更に半分にする。

作成手順②：各下敷きの中心にビニル紐などで持ち手をつけて完成(図18)。

図18

実験方法

滑らかな面の上に装置を載せ，持ち手を鉛直上方向に引っ張ると，下敷きの面積分の大気圧がはたらく。下敷き1枚の面積を仮におおよそ0.3 m×0.2 m ＝ 0.06 m^{2}と考えると，大気圧は1.0×10^5 Paであるので6×10^3Nの力が，重さで表すとおよそ600 kgの力がかかっていることになる。

実際には微細な隙間があるのでもう少し大気圧の影響は小さくなる。

面積が半分になると当然かかる力も半分になることが体感できる。

注意点としては持ち手の長さを長くしすぎないことと，実験する際に他の生徒を近づけさせないことである（下敷きは素材が固いため，力の入れすぎで急にはがれたとき，思わぬ方向へ飛ぶ可能性がある）。

❏装置②　はく検電器

静電気の検出などに用いられるはく検電器は実験室にあるものの見た目こそ豪華であるが，原理的には金属箔二枚と透明の風除けがあれば成立する。よって以下のように製作できる。

図19

準備するもの：アルミ箔，ゼムクリップ，ペットボトル，セロテープ，ピンバイス1.0 φ，はさみまたはカッター。

作成手順①：ペットボトルキャップにピンバイスで穴をあける。

作成手順②：1つのゼムクリップを図19のように変形させる。

作成手順③：アルミ箔をしわがつかないように1.0 cm×20 cm程度の長方形に切り取り，図20のように二つ折りにしてゼムクリップで止める。

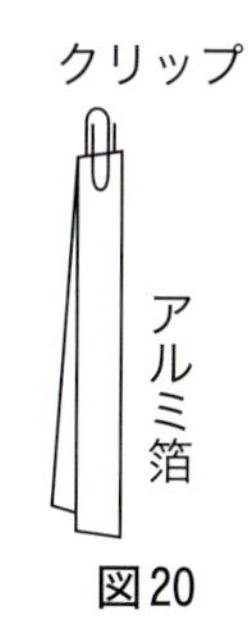

図20

作成手順④：②と③のゼムクリップを連結させる。

作成手順⑤：④のゼムクリップのＬ字部分をペットボトルキャップに通してぶら下がるようにする。

作成手順⑥：⑤の装置をできるだけアルミ箔にしわがつかないようにペットボトルに入れ，ふたを閉める（図21）。

作成手順⑦：あまったアルミ箔でキャップ全体を覆い，セロテープで下部を固定して完成（図22）。

図21　図22

実験方法

通常のはく検電器と同様に実験することができる。塩ビパイプなどをティッシュでこすり静電気を発生させて，塩ビパイプをはく検電器に近づけると，ペットボトル中のアルミ箔が開く。

❏装置③　ライデン瓶

ライデン瓶は初期型コンデンサーである。静電気をため，端子に触れると強力な静電気を体感できる。

作成手順①：プラスチックコップの周りにアルミ箔を巻き，セロテープで固定する（２つ作成する）。

作成手順②：アルミ箔を適当な大きさの長方形に切り取る。

作成手順③：図23のように①のコップを２つと②のアルミ箔を組み合わせて完成（図24）。

実験方法

塩ビパイプやエボナイトなどで静電気を発生させてライデン瓶の端子部分に近づけると，パチパチという音とともにライデン瓶に静電気が蓄積される。何回か繰り返すことで膨大な量の静電気をためることができる。静電気をためた後，コップの側のアルミ箔と端子に触れると，電気が体に流れる。

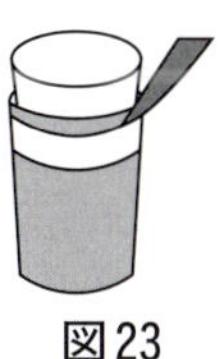

図23

図24

授業するにあたって

本項で紹介した実験器具は「生徒1人1台」の装置を基礎理念としている。できるだけ簡単に原理だけを抽出して扱えるよう考慮した教材である。よって原理を理解させるためにあえて，生徒自身に授業で作らせてもよいし，こちらで1人1台分用意して授業の中で活用してもよい。

ライデン瓶は「百人おどし」などの実験が有名だが，ペースメーカーなど，このような静電気実験そのものが生命にかかわる生徒も存在することは考慮に入れておいたほうがよい。万が一そんな生徒がいる場合は放電叉を用いて静電気により火花が生じるのを確認させるとよい。

美食と科学

field

化学・総合学習

序　論

人工いくらの作成という有名な実験がある。アルギン酸ナトリウム水溶液はカルシウム塩水溶液に入れることで直ちに不溶性のアルギン酸カルシウムを生成する。ピペットなどでそれを行うと，あたかもいくらが作られるように見えるという実験である。化学ではその独特の実験方法や反応を紹介，生物では細胞膜の説明に使うこともあるようだが，この項では人工いくら実験を違ったアプローチで紹介しよう。

分子ガストロノミーという学問がある。既存の食材やレシピを科学的な見地から分析し，より高度な料理を考える学問である。その学問はより科学と料理が寄り添った「分子調理」というものに発展した。

分子調理の世界では，海草由来の物質であるアルギン酸ナトリウムが再び注目を集めている。アルギン酸ナトリウムは様々な水溶液を先に述べた反応により不溶性のアルギン酸カルシウムで閉じ込めておける性質をもつ。この性質は様々な料理への応用が期待できるのだ。たとえば，スープを閉じ込めたカプセル，子供用の知育菓子などで既に実用化されている。

つまり現代科学技術を利用したまったく新しい料理方法として総合学習で紹介すると，これまでの人工いくら実験とはまた違った学習効果を得ることが期待できるのだ。

実　験

まず導入として分子ガストロノミーや分子調理といった学問の紹介を

することで期待感をあおる。実験そのものは手軽にできるものなので，たとえばオープンスクールなどで既に経験している生徒も多い（最近減ってきているようだが……）。そのため，このプロセスを入れておくことで，今までと違ったアプローチであると強烈にアピールする必要がある。目的として人工いくらのメカニズムを利用した新たな料理の開発と銘打っても面白い。

実験としては時間を考慮して，人工いくら作りと人工くらげ作りの二段階で行った。

人工いくら作り

準備物：100 mL ビーカー×２，200 mL ビーカー，割りばし，セラミックつき金網，三脚，マッチ，ガスバーナー，ピペットまたはスポイト，排水ネット，輪ゴム

試　薬：アルギン酸ナトリウム0.6 g，２％塩化カルシウム水溶液100 mL，蒸留水，色素

準　備：100 mL ビーカー①に40 mL の蒸留水と色素を入れておく。100 mL ビーカー②に２％塩化カルシウム水溶液を入れておく。

操作手順

１：ガスバーナーで40 mL 蒸留水と色素の入ったビーカーを加熱する。

２：ガスバーナーの火を消し，色のついた熱湯に0.6 g のアルギン酸ナトリウムを徐々に加えながら溶かす。このとき，なかなか溶けないので，割った割りばしでダマをつぶしながら溶かす（このとき，「蒸留水が沸騰し始めたら火を止める」と指示すると，生徒の動きを管理しやすい）。

３：排水ネットを200 mL ビーカーにかぶせ輪ゴムで固定する（人工いくらをこしとる目的なので中心部をへこませるとよい）。

4：2でつくったアルギン酸ナトリウム水溶液をピペットなどで取り，２％塩化カルシウム水溶液に滴下する。このとき直ちに反応が起こりアルギン酸カルシウム膜に覆われた球状の物体ができる。これが人工いくらである。

5：4の溶液を3のビーカーに流し込み，人工いくらだけをこしとる。

人工いくらの観察

準備物：シャーレ，ろ紙，ピンセット，ルーペ，ポリ手袋など

観察

今回は人工いくらの料理としての応用が目的であるので，観察をしっかりする。

作成した人工いくらを図25のようにシャーレに移し，観察させる。ピンセットでつまむ。ろ紙上でつぶす。など気の済むまで観察させると，カプセル状のゲルで，中に水溶液を閉じ込めているのが観察できる。触感を楽しみたい者には念のためポリ手袋を渡す。

図25

人工くらげ作り

人工いくらの作成であまったアルギン酸ナトリウムを塩化カルシウムに入れると，くらげのような触感のひも状のゲルができる。人工いくらとの比較をさせると，生徒の想像の幅が広くなる。

授業するにあたって

この実験では器具に「ぬめり」がつくため，片付けに工夫が必要となる。たとえば，本来ガラス棒を使うべき部分を割りばしにしたのも使い捨てがきくためだ。もちろんピペットは使い捨てのスポイトでもかまわない。また，お湯をはった桶を用意しておき，使い終わった器具はその中に入れさせ，つけおくことで洗浄の手間を少しでも省くことができる。

色素は「模擬のため食べられないものを使う」と明示しておくと，生徒が口に入れて遊ぶことはない。また，色は赤色を選びたいところであるが，赤色でつくった人工くらげは内臓のように見えるため，内臓が苦手な生徒に配慮し，大事をとるならば避けたほうがよい。

ちなみにこの項のように，食というアプローチでこの実験を行ったところ，生徒から「人工くらげを利用して，いろんな味のラーメンを作れるのではないか」など奇抜な発想が飛び出した。既存の実験でもアプローチの仕方次第でこういう生徒のすばらしい発想に出会えるのを実感した瞬間だった。

番外編　モル原器

field
化学

序　論

本項では執筆現在，試作段階の教材を紹介する。ほぼ完成形なので掲載したが，授業での試用はまだ行っていないことを注釈しておく。

高校化学でもっとも躓きやすい単元，それが物質量である。いろいろな先生方がいかにスマートにこれを教えるか，苦心なさっていることであろう。本項では1つの方法論として視覚にうったえる教材を紹介する。

標準状態1 molの気体の体積原器

標準状態1 molの気体の体積はアボガドロの法則より22.4Lを示す。これをイメージさせるために，たとえば2Lペットボトル11.2本分であると説明したり，実際にその数のペットボトルを持っていくという手法もある。身近でイメージしやすい反面，かさばって持ち歩きにくい。そこで「教材BOXにも使える22.4Lの透明な箱」を作成することで，教師の仕事の手助けもする一石二鳥な教材を作成した。

用意するものは30 cm四方のアクリルBOXのみである。東急ハンズなどで手に入る。アクリルBOXの高さを5 cm分アクリルカッターなどで切り取ると，$30\,\text{cm} \times 30\,\text{cm} \times 25\,\text{cm} = 22{,}500\,\text{cm}^3 = 22.5\,\text{L}$となり，誤差範囲内で22.4Lを作成することができる。およそB4サイズでふたが空いているので，そのBOXの中に教科書やプリントなどを入れておくことができる。授業で使う際は空いている部分を下にして生徒から見えないようにするとよいだろう（図26）。

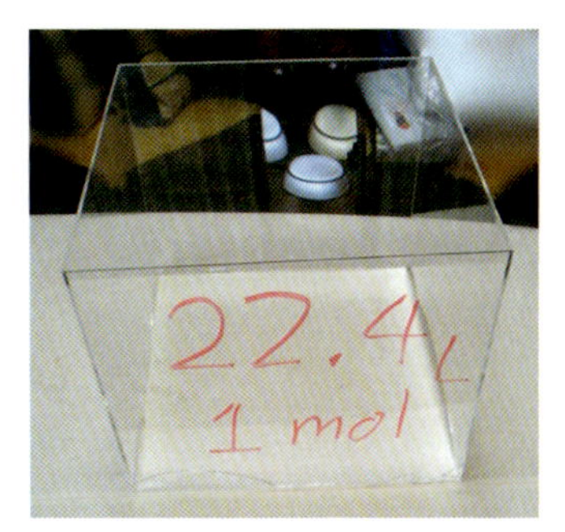

図26

図27

アクリルは加工に手間がかかるので透明であることを考えなければ同じ大きさの段ボール箱を作成してもよい。

マイクロビーズ（ポリスチレン）の平均分子量を求める

なんとかアボガドロ数6.0×10^{23}個の粒子を視覚的に表せないかという構想から考えた教材である。

目で見える範囲でできるだけ小さく，身近なもの，高価でないものという条件で考えたところ，クッションなどに使われているマイクロビーズが適していると考えた。

マイクロビーズは家具屋などで500gのパックを比較的安価で入手できる。

まず，マイクロビーズを1.0g，プラスチックコップに量り取る（図28）。紙コップではマイクロビーズを目で識別できないため透明のプラスチックコップがよい。その後，プラスチックコップ内のマイクロビーズの数をピンセットとカウンターで数えればマイクロビーズ1.0g中に含まれるマイクロビーズの個数がわかる。マイクロビーズはポリスチレンという高分子でできているので，マイクロビーズ1個をポリスチレン1分子とみなすことができる。そうすると，以下の式からマイクロビーズ（ポリスチレン）の平均分子量を求めることができる。

図28

$$\frac{\text{アボガドロ定数}6.0\times10^{23}}{\text{マイクロビーズ}1.0\,\text{g}\text{中の個数}}$$

また，結果から重合度も求められる。ポリスチレンのスチレン単量体の分子量は104であるので，重合度は以下の式で求めることができる。

$$\frac{\text{マイクロビーズの平均分子量}}{\text{スチレン単量体の分子量}104}$$

私が行った実験ではマイクロビーズ1.0gの個数は33,621個であったので，マイクロビーズの平均分子量は1.8×10^{19}と求められる。また，重合度は1.7×10^{17}であった。

アボガドロ数原器

先の実験結果を元に，マイクロビーズをアボガドロ数6.0×10^{23}個集めるためには，何パックのマイクロビーズが必要か求めてみよう。

先の実験でマイクロビーズの分子量が求められたため，モル質量は 1.8×10^{19} g/mol となる。よって，500 g のマイクロビーズは 3.6×10^{16} パック必要であることがわかる。

これを元にアボガドロ数原器を作成すると考えると，500 g のマイクロビーズパック（図29）は45 cm 角のクッションを想定しているので 3.6×10^{16} パック分の大きさを考えると，およそユーラシア大陸中をクッションで敷き詰めてもおつりがくるくらいの大きさとなる。簡単に説明するため３次元は考えていない。試してみたいところだが，ダイナミックになりすぎるので現実的には不可能だ。だが，マイクロビーズを元にアボガドロ数の膨大さを視覚的に表す試みとしては貴重なデータとなった。

図29

500 g マイクロビーズの袋。ペンは大きさ比較用。

参考文献

宝多卓男『ダイナミック理科実験に挑む ── 科学する心を子どもたちに』(2001年第1版発行) 黎明書房刊
杉山剛英編『ポピュラー・サイエンス275　わかる！なるほど理科実験』(2006年第1版発行) 裳華房刊
Gordon M. Barrow『バーロー物理化学 (上)』(1999年第6版発行) 大門寛・堂免一成訳　東京化学同人刊
パラメトリック・スピーカー実験キット　説明書　秋月電子
松原聰監修『図解サイエンス　鉱物の不思議がわかる本』(2006年第1版発行) 成美堂出版刊
石川伸一『料理と科学のおいしい出会い ── 分子調理が食の常識を変える』(2014年第1版発行) 化学同人刊

おわりに

「はじめに」で述べたが，理科教育が危うい。それは理科教育にとどまらないように思う。自らのエゴのために子供を追い詰める教員のなんと多いことか……そんな嘆きすら抱くことさえある。

学校教育現場は教員のエゴを振り回す場ではない。学校のシステムを筋も通さずに勝手に変えてしまったり，自己利益のために他の教員を踏みつけにするような場所ではない。私はそんな教員をいやというほど見てきた。時に，生徒を守るため，そんな権力争いに自分自身が巻き込まれ，倒れてしまったこともある。

教師とは他の教師と手に手を取り合って子供のことだけを考えたい。本来そうあるべきはずなのだ。そして大部分の教師がそうありたいと願っているのだ。そんな子供のことだけを考えたい理科教員は，私にとっては「悩めるガリレオ先生」であると思う。そんな先生方が端に追いやられるような教育界であってはならない。

「職人」「変人」「ガリレオ」

教材研究や開発をする私の姿を見ていろいろな生徒や先生方が私をそう呼んでくれた。非常に光栄なことだと思う。なぜならそのように呼ばれるだけの「科学大好き」ぶりが周囲に伝わっていたということなのだから。それができるだけの時間が許されていた幸運ももちろんあるだろう。

生徒を理科好きにしたい，ならば教員は本当に楽しそうに理科の授業をやるべき。科学というものに対して真摯であるべき。それが私の信条である。

本書で紹介したのはそんな中生まれた教材の一部である。できるだけ簡易にすむもの，または一度作ってしまえば何度でも使いまわしの利くものを重点的に紹介した。稚拙な内容ではあるが，少しでも全国の先生方の参考になれば幸いである。そして，そんな情熱を持った先生方にいろんな意見を頂戴したい。全国規模で「手に手を取り合った理科教育」を展開したいと若輩者ながら願うのだ。

最後ではあるが，私の教材研究にたくさんの助言，またそれを使用していただいた先生方，そして本書を執筆するに当たり様々な協力をしてくださった方々に感謝を。

ありがとうございました。

2015年

佐藤隆彦

佐藤　隆彦（さとう　たかひこ）

1982年生まれ。大阪生まれの大阪育ち。理科と合唱をこよなく愛している。関西のさまざまな中学校，高等学校で教鞭をとっている。理学修士，専門は溶液物理化学。

浪速のガリレオ先生教材ノート

2016年4月5日　初版発行

著　者　佐藤隆彦
発行者　中田典昭
発行所　東京図書出版
発売元　株式会社 リフレ出版
〒113-0021　東京都文京区本駒込 3-10-4
電話 (03)3823-9171　FAX 0120-41-8080
印　刷　株式会社 ブレイン

ISBN978-4-86223-946-4 C3040
Printed in Japan 2016
落丁・乱丁はお取替えいたします。

ご意見、ご感想をお寄せ下さい。

［宛先］〒113-0021　東京都文京区本駒込 3-10-4
東京図書出版